BEI GRIN MACHT SICH IHR WISSEN BEZAHLT

- Wir veröffentlichen Ihre Hausarbeit, Bachelor- und Masterarbeit

- Ihr eigenes eBook und Buch - weltweit in allen wichtigen Shops

- Verdienen Sie an jedem Verkauf

Jetzt bei www.GRIN.com hochladen und kostenlos publizieren

Bibliografische Information der Deutschen Nationalbibliothek:

Die Deutsche Bibliothek verzeichnet diese Publikation in der Deutschen Nationalbibliografie; detaillierte bibliografische Daten sind im Internet über http://dnb.d-nb.de/ abrufbar.

Dieses Werk sowie alle darin enthaltenen einzelnen Beiträge und Abbildungen sind urheberrechtlich geschützt. Jede Verwertung, die nicht ausdrücklich vom Urheberrechtsschutz zugelassen ist, bedarf der vorherigen Zustimmung des Verlages. Das gilt insbesondere für Vervielfältigungen, Bearbeitungen, Übersetzungen, Mikroverfilmungen, Auswertungen durch Datenbanken und für die Einspeicherung und Verarbeitung in elektronische Systeme. Alle Rechte, auch die des auszugsweisen Nachdrucks, der fotomechanischen Wiedergabe (einschließlich Mikrokopie) sowie der Auswertung durch Datenbanken oder ähnliche Einrichtungen, vorbehalten.

Impressum:

Copyright © 2018 GRIN Verlag
Druck und Bindung: Books on Demand GmbH, Norderstedt Germany
ISBN: 9783668970342

Dieses Buch bei GRIN:

https://www.grin.com/document/484031

Christin Vogt

Videos im Mathematikunterricht. Unterstützung von Lernprozessen durch Lernvideos

GRIN Verlag

GRIN - Your knowledge has value

Der GRIN Verlag publiziert seit 1998 wissenschaftliche Arbeiten von Studenten, Hochschullehrern und anderen Akademikern als eBook und gedrucktes Buch. Die Verlagswebsite www.grin.com ist die ideale Plattform zur Veröffentlichung von Hausarbeiten, Abschlussarbeiten, wissenschaftlichen Aufsätzen, Dissertationen und Fachbüchern.

Besuchen Sie uns im Internet:

http://www.grin.com/

http://www.facebook.com/grincom

http://www.twitter.com/grin_com

Fakultät für Elektrotechnik, Informatik und Mathematik

Institut für Mathematik

Fachbereich Didaktik der Mathematik

VIDEOS IM MATHEMATIKUNTERRICHT

Unterstützung von Lernprozessen durch Lernvideos

vorgelegt von: Christin Vogt

Inhaltsverzeichnis

1 Einleitung 1

2 Funktion von Medien in Bildungsprozessen 1

3 Lernvideos im Mathematikunterricht 3

    3.1 Möglichkeiten und Grenzen 3

    3.2 Gestaltungsmöglichkeiten von Lernvideos 5

    3.3 Methode „Flip the Classroom" 7

4 Wissenschaftlicher Standpunkt und Forschungsergebnisse 8

5 Fazit 9

6 Literaturverzeichnis 11

Abbildungsverzeichnis

Abbildung 1: Kognitive Architektur als Grundlage für die Organisation von Lernprozessen (Kritzenberger, S.26) 4

Abbildung 2: Ergebnisse von Google Insights for Search (erstellt am 20.07.2018) 8

1 Einleitung

„Ich unterrichte meine Schüler nicht. Ich schaffe Bedingungen, unter denen sie lernen können."

Albert Einstein (1879-1955)

Die vorliegende Hausarbeit beschäftigt sich mit der Nutzung von Videos zu Lernzwecken im Mathematikunterricht. Digitale Medien, darunter auch Lernvideos, haben sich im Laufe des 20. Jahrhunderts zu Massenmedien entwickelt, sodass sich die Frage stellt, ob das Lernen mittels Lehrperson und Lehrbuch heute bereits veraltet ist? Ist es sinnvoll, durch Lernvideos den Unterricht zu ergänzen oder sogar gänzlich zu gestalten? Ist es mit Videos sogar möglich, das Lernen für jeden Schüler und jede Schülerin (folgend: SuS) individueller zu gestalten?

Die Erwartungen an den Einsatz von neuen Medien sind in der Literatur hauptsächlich das Wecken von Emotionen, die Steigerung von Aufmerksamkeit bei den SuS und die Förderung von Motivation bezogen auf den Lernprozess. Die Kombination von Ton, Bild, Text und Bewegung soll dabei den auditiven und visuellen Sinneskanal der Lernenden aktivieren und damit zusätzliches Interesse an mathematischen Inhalten wecken. Gerade im Fach Mathematik, in welchem die Inhalte oft als „trocken und fad" empfunden werden, könnten solche Lernvideos eine Bereicherung sein und den SuS Spaß am Lernen bereiten. Über das Internet können derzeit unzählige solcher Lernvideos aufgerufen werden.

Zunächst widmet sich diese Arbeit den allgemeinen Funktionen von Medien in Bildungsprozessen. Anschließend werden Möglichkeiten und Grenzen von Lernvideos im Mathematikunterricht dargestellt. Zudem wird erklärt, wie Lernvideos gestaltet werden sollten, um Lernprozesse optimal zu unterstützen. Darauf folgend wird der Stand der wissenschaftlichen Forschung zum Thema Lernvideos erörtert, bevor ein Fazit zum Thema Videos im Mathematikunterricht gezogen wird.

2 Funktion von Medien in Bildungsprozessen

Zum Begriff „Medien" existieren unzählige unterschiedliche Definitionen. Sesnik beschreibt sie in seiner Ausarbeitung „Eine kritische Bildungstheorie der Medien" als „Vermittlungsinstanzen im menschlichen Welt-, Sozial- und Selbstverhältnis"[1]. Er erachtet Medien als ein Element zwischen den Menschen einerseits und der gegenständlichen und sozialen Welt andererseits. Unter den unterschiedlichen Definitionen gibt es zum einen die technische Dimension (Übertragung von Informationen durch technische Elemente) und zum anderen die inhaltliche Dimension (Zeichen als Gegenstand der Übertragung zur Vermittlung einer Information). Zudem unterscheidet man zwischen unter-

---

[1] Sesnik (2013), S.129.

schiedlichen Medientypen: Printmedien (u.A. Bücher), Auditive Medien (u.A. Hörspiele) , Audiovisuelle Medien (u.A. Videos) und Interaktive Medien (u.A. Spiele, Lernprogramme).

Doch welche Funktionen erfüllen Medien explizit in Bildungsprozessen?

Jörissen und Marotzki gehen davon aus, dass Medien für Bildungsprozesse in zweifacher Hinsicht bedeutend sind: Sie sind ein Phänomen, welches für die meisten Menschen vielfältig, aber gleichzeitig nicht immer unproblematisch ist. Der Umgang mit Medien erfordert bestimmte Fähigkeiten und Einstellungen von den Nutzern, wie zum Beispiel die Bereitschaft der Erkundung von Unbekanntem und das Interesse am Erwerb neuer Interaktionstechniken. Generationsbedingte Berührungsängste schaffen dabei immer wieder Partizipationshürden. Lehrkräfte müssen sich mit den ständig neu erscheinenden Techniken auseinandersetzen, sei es in den 1980er Jahren das VHS System oder in den 2000er Jahren das Internet als kommerziell nutzbares Medium. Es wird vorausgesetzt, dass sie sich immer mit Gefahren und Chancen neuer Techniken und Medien beschäftigen, um mit ihren SuS und der sich verändernden Umwelt Schritt halten zu können.

Gleichzeitig bieten Medien neue Räume für Bildungserfahrungen. Sobald Lernende Zugang zu diesen Erfahrungsräumen haben, können sie an den dort gebotenen Bildungsoptionen und -chancen teilnehmen. Das Internet eröffnet unzählige neue Möglichkeiten, Wissen zu vermitteln und somit bisherige Bildungsprozesse zu verändern.[2]

In ihrer Ausführung zum Thema Mediendidaktik nennen Thomas Czerwionka und Claudia de Witt im Jahr 2007 folgende didaktische Funktionen von Medien:

- Vermittlung von Informationen
- Medien als Werkzeug zur Informationssammlung,-ordnung und -aufbereitung
- Unterstützung des selbstgesteuerten Lernens
- Kontroll-und Rückmeldefunktion
- Medien als Instrumente der Kooperation (Netzwerk)
- Reflektierte Betrachtung des Medieneinsatzes; Medien als Gegenstand der Analyse und Beurteilung
- Lernmotivierende Wirkung (Abwechslungsreichtum aufgrund neuer Medien)
- Informelles Lernen (Lernen außerhalb von Bildungsinstitutionen)

Auch hier wird bemerkt, dass der Umgang mit den neuen Medien sowohl Chancen als auch Risiken birgt. Kompetenzen im Umgang mit Medien werden zukünftig verstärkt benötigt, was einen immen-

---

[2] vgl. Jörissen; Marotzki (2009), S.1 f.

sen Bildungsbedarf bzgl. des Umgangs mit den Medien durch alle Bevölkerungsgruppen hindurch darstellt.[3]

3 Lernvideos im Mathematikunterricht

Videos sind im Lehr-Lernkontext keine neue Erfindung, allerdings erhalten sie aufgrund der rasant fortschreitenden Digitalisierung immer mehr Aufmerksamkeit. „Unterstützt durch die rasante technische Entwicklung (…) sowie durch die Erkenntnisse aus der Medienpsychologie (…) werden Videos als audiovisuelle Bildungsmedien zunehmend in formalen Lehr-Lernkontexten verwendet (…)."[4]

Lernen mit und durch Videos ist im Bereich der Mathematik allgegenwärtig. Unzählige Videos zu den unterschiedlichsten mathematischen Themen auf allen Niveaustufen sind dabei im Internet zu finden. Allein zu den Schlagwörtern „Lernvideo Mathe" erscheinen bei der Suchmaschine Google 25.800 Ergebnisse in der Kategorie Videos. Sei es zum Wiederholen oder zum Nachlernen der in der Schule gelernten Inhalte – immer mehr SuS nutzen diese Möglichkeit, ihr mathematisches Wissen aufzufrischen und zu fördern. Auch Lehrerinnen und Lehrer ermutigen ihre SuS immer häufiger, mit Lernvideos zu arbeiten. Gelegentlich sind die Lehrpersonen selbst sogar die Ersteller der Videos.

Im Folgenden wird diese Ausarbeitung die Möglichkeiten und Grenzen der Lernvideos im Mathematikunterricht näher beschreiben.

3.1 Möglichkeiten und Grenzen

Was können Lernvideos, was ein Mathebuch nicht kann? Videos haben einen Zeitbezug. Die SuS sehen direkt, was gemacht wird, können es nachmachen und zudem so oft wiederholen, bis sie es gänzlich verstanden haben. Videos verbinden Theorie und Praxis miteinander. „Lernen am Modell", „Lernen durch Reflexion" auf einer vertiefenden Ebene sowie „Lernen durch Lehren" bei der eigenen Videoproduktion sind die Aspekte, die den Lernprozess so positiv beeinflussen.[5]

Lernvideos eignen sich als Themeneinstieg, zur Visualisierung von Themen, welche nur schwer beschreibbar sind oder zur Unterrichtsvorbereitung. Lehrerinnen und Lehrer finden einen großen Fundus geeigneter Inhalte im Internet. Lernvideos können dabei auf ganz unterschiedliche Art und Weise eingesetzt werden.

SuS entdecken passende Videos zu bestimmten Themen der Mathematik, wenn sie schnell eine Wissenslücke schließen wollen, Lehrkräfte nutzen sie im Präsenzunterricht und haben zudem die Möglichkeit, den SuS den Auftrag zu erteilen, selbst ein Lernvideo zu erstellen und sich so mit dem Lern-

---

[3] vgl. De Witt; Czerwionka (2007), S.50 ff.
[4] Sailer;Figas (2015), S.78.
[5] vgl. Internetquelle https://magazin.sofatutor.com

gegenstand auseinanderzusetzen. Smartphones, Tablets, Smartboards und Computerklassen ermöglichen einen schnellen Einstieg in das Unterrichtsmodell der Lernvideos im Mathematikunterricht. Ein Beispiel für mathematische Lernvideos sind die Mathematikvorlesungen des Heidelberger Professors Christian Spannagel. Diese haben sich längst zu einem Internet-Hit entwickelt. Sein Youtube-Kanal zählt derzeit mehr als 15.000 Abonnenten.[6]

Lernvideos motivieren. Ton, Bild und Bewegung im Video führen dazu, dass die SuS schneller einen Zugang zu mathematischen Themen finden, die sonst eher „trocken" anhand von Zahlenbeispielen vermittelt werden können. Es werden die Sinne Sehen und Hören angesprochen, sodass bei den Lernenden mehr Aufmerksamkeit hervorgerufen wird. Außerdem haben Lernvideos eine emotionale Komponente aufgrund der Stimme und der Mimik der im Video dargestellten Personen und Gegenstände. Die SuS können mit den Videos ihr Lerntempo selbst bestimmen, indem sie diese stoppen, zurückspulen oder wiederholt ansehen. Das selbstbestimmbare Lerntempo baut keinen Lernstress und Lerndruck auf. Jeder Schüler und jede Schülerin ist eigens dafür verantwortlich, den Lerninhalt zu begreifen, um so in den folgenden Stunden nicht hinter der Klasse zurückzufallen. Wie lange dies jedoch dauert, ist bei dem Einsatz von Lernvideos egal. Dies wiederum kann zu einer gesteigerten Motivation und damit ebenfalls gesteigerten Lernleistung führen.[7]

Laut Gerhard Tulodziecki, Professor für Allgemeine Didaktik und Medienpädagogik, ergeben sich aus Medien wie einem Lernvideo „flexiblere und wirkungsvollere Lehr- und Lernverfahren".[8]

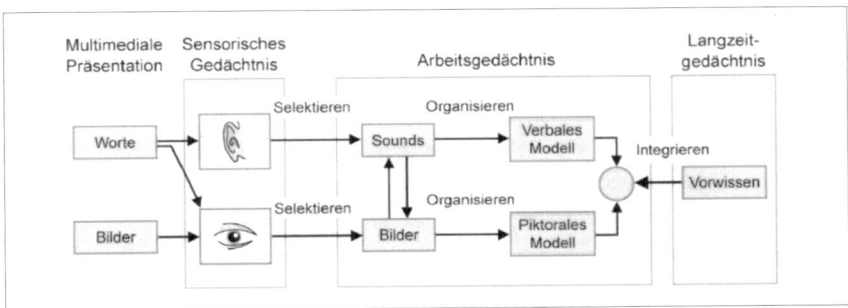

Abbildung 1:Kognitive Architektur als Grundlage für die Organisation von Lernprozessen (Kritzenberger, S. 27)

Mathematische Prozesse können in Lernvideos sichtbar und dadurch verständlich gemacht werden. Beispielsweise ist es bei der Bruchrechnung möglich durch mit Flüssigkeit gefüllte Gefäße bestimmte Verhältnisse deutlich zu machen.

---

[6] vgl. Projektbüro Netzwerk Digitale Bildung (2016).
[7] vgl. Sofatutor (2014).
[8] Steindorf (2000), S.211.

Lernvideos können zudem Lehrfunktionen übernehmen und somit Lehrpersonen in Unterrichtsphasen entlasten, sodass diese gegebenenfalls auf lernschwächere SuS gesondert eingehen können. Lernen die SuS nämlich die Grundlagen eines mathematischen Thema eigenständig per Video, bleibt mehr Zeit, um auf einzelne, schwächere SuS einzugehen. Die Lehrkräfte halten sich weniger damit auf, SuS ein Thema grundsätzlich zu erklären, wenn diese es nur langsam bzw. schwer verstehen.

Jedoch gibt es auch Grenzen um Umgang mit Lernvideos im Mathematikunterricht. So existieren im Internet sehr viele verschiedene Lernvideos – manche von guter, andere von fraglicher Qualität. Beurteilen kann man die Qualität auf den ersten Blick nicht. Mathematische Themen werden auf unterschiedliche Art und Weise erklärt, Lösungswege sind eventuell anders als von der Lehrperson im Unterricht vorgegeben. Dies kann zu Verwirrung der SuS führen, die oft keinen Überblick über die Zusammenhänge der mathematischen Themen haben. Wenn die Lehrperson die entsprechenden Videos selbst zuvor sichtet, kann ein zweifelhafter didaktischer Nutzen ggf. ausgeschlossen werden.

Außerdem sollte man nicht pauschal davon ausgehen, dass die Lernbereitschaft im Fach Mathematik einzig aufgrund von Videos bei allen SuS steigt. Kritzenberger schreibt dazu: „So hält sich auch der Irrtum hartnäckig, dass multimediale Lernräume von sich aus motivierend wären und aus diesem Grund gleichzeitig auch die Lernwirksamkeit steigern würden."[9]

3.2 Gestaltungsmöglichkeiten von Lernvideos

Egal ob Smartphones, Notebooks oder Tablets – alle diese alltäglichen Gebrauchsgegenstände verfügen heute über Kameras. Ein Aspekt, der das Erstellen von Lernvideos auch für Laien immer einfacher und günstiger macht. Lernvideos sind im Internet nicht nur gut erreichbar, sondern auch leicht zu verteilen. Aber trotz der schon genannten Potentiale von Lernvideos sind diese nicht automatisch ein effizientes, didaktisches Instrument. Entscheidend ist, wie das Video gestaltet ist und wie es in den Lernprozess eingebettet wird. Auch Lackner und Kopp weisen in ihrer Ausführung „Lernen und Lehren im virtuellen Raum" darauf hin, dass Lernvideos didaktisch durchdacht und reflektiert in den Lernprozess integriert werden müssen.[10]

Es gibt vielfältige Formen von Lernvideos. Der Screen- oder Slidecast ist ein Mitschnitt des Geschehens am Bildschirm. Dieser kann beispielsweise eingesetzt werden, um Mathematik-Programme wie Cinderella oder GeoGebra zu erklären. Man kann aber auch einen Powerpoint-Vortrag mit Ton versehen und so ein mathematisches Thema erklären. Bei Tablets können sogar handschriftliche Aufzeichnungen aufgenommen und als Video veröffentlicht werden. Diese Form von Lernvideos ist sehr

---

[9] Kritzenberger (2005), S.61.
[10] vgl. Lackner; Kopp (2014), S.174 ff.

einfach zu produzieren. Jedoch sollte man als Ersteller darauf achten, nicht zu langsam zu schreiben oder zu erklären, denn das wirkt schnell ermüdend für die Lernenden.

Bei dem Legetechnik-Erklärvideo (nach Common Craft) werden ausgeschnittene Figuren und Abbildungen zusammen mit kurzen Texten in das Bild gelegt und verschoben. Im Hintergrund werden dazu keine Aspekte extra erklärt. Man kann daher auch eine Hintergrundmusik hinter das bewegte Bild legen. Mit etwas Kreativität sind dabei tolle Effekte zu erzielen. Allerdings ist die Erstellung sehr aufwändig und ein Kamerastativ von Nöten.

Eine weitere Möglichkeit stellt die Tafel- bzw. Whiteboardanschrift dar. Man erstellt also ein Lernvideo aus dem, was man an die Tafel schreibt und dazu erklärt. Der Frontalunterricht wird hier in ein Videoformat gebracht. Diese Form des Videos ist natürlich auf den ersten Blick schnell und leicht zu erstellen. Besondere Beachtung gilt aber der Beleuchtung und der Kameraführung. Das Tafelbild sollte nämlich erkennbar und lesbar sein. Ähnlich verhalten sich Aufzeichnungen von Live-Vorträgen, beispielsweise von Mathematik-Dozenten an der Universität. Oftmals ist hier nicht nur der aufgenommene Vortrag Teil des Videos. Es werden auch Folien von Powerpoint-Präsentationen in das Video eingefügt, die den mathematischen Inhalt zusätzlich unterstützen.

Die sogenannte Trickfilm-Technik ist die Aneinanderreihung von vielen einzelnen Fotos oder Bildern. Insbesondere für Smartphones und Tablets existieren entsprechende Apps, welche die Erstellung solcher Trickfilme erleichtern.

Bei der Greenscreen-Technik werden alle grünen Bestandteile eines aufgenommenen Bildes durch andere Hintergründe ersetzt. Dies ist vor allem dann interessant, wenn man die erklärende Person in eine bestimmte Szenerien versetzen möchte. So könnte man die Lehrperson im Video bei der Erklärung der „rutschenden Leiter" im Geometrieunterricht neben eine Leiter an die Wand stellen, um dargestellte die Situation für die SuS begreifbarer zu machen. [11]

Grundsätzlich sollte vor der Erstellung eines Lernvideos geklärt sein, welche Zielgruppe erreicht werden soll, welche Lerninhalte und Lernziele im Vordergrund stehen und welche Ressourcen zur Verfügung stehen. Ebenso wichtig ist es, die passende Visualisierung zu wählen und das gesprochene Texte zum gezeigten Bildmaterial passen. Auf Ablenkungen im Hintergrund sollte verzichtet werden, nicht aber auf den Unterhaltungswert des Lernvideos. Werden die binomischen Formeln auch im Video lediglich hingeschrieben und aufgesagt, stellt dies keinen Mehrwert zum Frontalunterricht dar. Ein Lernvideo im Internet ist in der Regel zwischen zwei und fünf Minuten lang. [12]

---

[11] vgl. Schön; Ebner (2013), S.13ff.
[12] vgl. Schön; Ebner (2013), S.26ff.

3.3 Methode „Flip the Classroom"

Die Idee „Flip the Classroom" („umgedrehter Unterricht") stammt aus dem Amerikanischen. Im schulischen Kontext ist das sogenannte Flipped-Classroom-Modell so ausgelegt, dass digitale Lerninhalte mit dem Lernen in der Schule verbunden werden. Als neueres, didaktisches Modell dreht das Flipped Classroom die Arbeits- und Rezeptionsphase einer Lerneinheit um. Wenn während des konventionellen Unterrichts die Lehrkräfte den SuS Lerninhalte lehren, so kann dies mit Hilfe eines Lernvideos auf den Nachmittag verlegt werden. Die Hausaufgaben- bzw. Übungsphase am Nachmittag findet anschließend in der nächsten Unterrichtsstunde statt, in welcher die SuS mit der Lehrperson durch Anwendungsaufgaben und Übungen vertiefend in die Thematik einsteigen und der Unterricht dann individualisierter gestaltet werden kann.

Vorteilhaft an diesem Modell ist die Tatsache, dass ein ständiger Frontalunterricht der Lehrperson umgangen werden kann. Die SuS sind in ihrer Selbstständigkeit gefordert, können sich in ihrem eigenen Tempo neue mathematische Themen mittels eines von der Lehrperson erstellten oder ausgesuchten Lernvideos erschließen. Motivationsverlusten aufgrund unterschiedlicher Wissensstände der SuS oder langer Vorträge der Lehrerinnen und Lehrer kann so entgegengewirkt werden. Übungen und Hausaufgaben, welche zu Hause oftmals zu Verständnis- und Anwendungsproblemen führen, werden dann entsprechend im Klassenraum zusammen mit dem Mathematiklehrer oder der Mathematiklehrerin bearbeitet. Mögliche Formen der digitalen Wissensvermittlung sind dabei neben den selbst erstellten Videos Screencasts oder digitale Scripts.[13]

Laut Sebastian Schmidt, Mathematiklehrer und einer der Ersten, der mit dem Konzept des Flipped Classroom im Deutschland gearbeitet hat, existieren folgende Aspekte, die für die genannte Methode sprechen: die SuS lernen selbstverantwortlich, es muss keine Wiederholung des Inhalts während der Unterrichtszeit erfolgen, da die SuS das Video so oft sie möchten zu Haus anschauen können und die Präsenzphase („der Unterricht") steht im Zentrum der Didaktisierung. Wichtig bei der Anwendung ist, dass es eine Lernplattform als digitales Klassenzimmer gibt, dass alle teilnehmenden SuS auch zu Hause Zugang zum Internet haben (Einverständnis der Eltern) und dass es bestenfalls noch eine Möglichkeit der digitalen Überprüfung der SuS gibt.[14]

Flipped Classroom ist mehr als das bloße Erstellen und Betrachten von (mathematischen) Lernvideos. Das Video verbessert nicht das Lernen an sich, sondern schafft vielmehr Autonomie für die SuS, sich eine angepasste Lernumgebung zu schaffen. Flipped Classroom hilft also den SuS, sich so auf den Unterricht so vorzubereiten, wie sie es für nötig und richtig erachten. Es festigt Gelerntes während

---

[13] vgl. Internetquelle www.flippedmathe.de
[14] vgl. Internetquelle www.flippedmathe.de

Arbeitsphasen im praktischen Unterricht. Die Lernvideos sollten dabei immer bestimmte Projekt- bzw. Lernziele verfolgen.

Abbildung 2: Ergebnisse von Google Insights for Search (erstellt am 20.07.2018)

Flipped Classroom erfreut sich in Deutschland immer größerer Beliebtheit. Dies sieht man deutlich, wenn man den Service von Google Insights for Search verwendet und nach dem Begriff „Flipped Classroom" in „Deutschland" recherchiert. Seit 2012 steigt das Suchvolumen stark an.

4 Wissenschaftlicher Standpunkt und Forschungsergebnisse

Die Erziehungswissenschaftlerin Anja hat in ihrer empirischen Studie „Audio vs. Video: Hilft Sehen beim Lernen?" die Lernaffektivität von rein auditiver und audiovisueller Informationsdarstellung verglichen. Lohnt sich die aufwändige Erstellung eines Lernvideos oder reicht es auch die Stimme eines Dozenten hinter eine Präsentation zu legen? Wie wirken sich Ton und Bild auf die Lernleistung aus?[15]

Die sogenannte kognitive Aktivierung soll lernfördernd wirken und wird begünstigt durch die Anschaulichkeit der bildhaften Komponente von Videosequenzen (Farben, Konturen und Bewegung). Die Aufmerksamkeit des Lernenden wird dabei aktiviert. Konträr dazu steht die kognitive Überlastung durch Reizüberflutung, die die Lernenden davon abhält, Lerninhalte tiefergehend zu verstehen. Es kann zu einer Lernhemmung kommen. Es kommt also darauf an, welcher der beiden Effekte bei der audiovisuellen Darstellung von Lerninhalten überwiegt.

Videosequenzen erreichen die Lernenden zudem auf einer emotionalen und motivierenden Ebene. Allerdings existieren hierzu nur sehr wenige empirische Studien. Man kann jedoch davon ausgehen, dass besonders durch nonverbale Ausdrucksformen wie Mimik und Gestik Lernende emotional angesprochen und somit motiviert werden.[16]

---

[15] vgl. Fey (2002), S.332.
[16] vgl. Fey (2002), S.332 f.

Fey zieht aus ihrer durchgeführten Studie die Erkenntnis, „dass Lerninhalte generell besser behalten werden, wenn beim Lernenden auch Emotionen ausgelöst werden, da sich somit dessen Aufmerksamkeit in stärkerem Maße auf die Inhalte richtet."[17] Die Motivation wird so insgesamt erhöht und die Ausdauer Lerninhalte zu erfahren und zu vertiefen verlängert. Bei absoluter Entscheidungsfreiheit präferieren zudem die Lernenden die audiovisuelle Darstellung von Informationen. Ob ein effektiver Lernleistungsunterschied entsteht, kann Fey allerdings nicht feststellen, da die Probanden extrinsisch motiviert und daher nicht bestrebt waren, möglichst gründlich zu lernen.[18]

Sailer und Figas untersuchten in einer anderen Experimentalstudie den Zusammenhang zwischen der Bewertung von Lernvideos und dem Lernergebnis bei videobasierter Statistiklehre von Studierenden. Diese zeigt, dass zwischen der Bewertung von Lernvideos und den Lernergebnissen Zusammenhänge bestehen. Zudem erreichen Studierende bei theoriebasierten Lernvideos die besten Lernergebnisse. Laut Sailer und Figas sind Lernvideos eine erfolgsversprechende Ergänzung zur konventionellen Präsenzlehre. Bestimmte Gestaltungsfaktoren begünstigen dabei gute Lernergebnisse. Je höher die Bewertung des Lernvideos, desto besser fällt auch das Lernergebnis aus. Die subjektiven Bewertungen eines Lernvideos sind jedoch keine Prädikatoren für das Lernergebnis. Vorwissen der Lernenden und Gestaltungsmerkmale der Videos, die theoretische Inhalte besonders eindrucksvoll betonen, lassen gute Lernleistungen vorhersagen.[19]

Das Forschungsfeld der sogenannten Distance Education bzw. Distance Learning wurde von Mahmood und Malik empirisch untersucht. In ihrer Ausarbeitung legen sie dar, dass keine bedeutenden Unterschiede nachzuweisen sind zwischen Face-to-Face- und Distance-Learning-Modellen.[20]

5 Fazit

Das Lernvideo ist ein bedeutsames Bildungsmedium des 21.Jahrhunderts und wird immer mehr in Schulen und damit auch im Mathematikunterricht eingesetzt. Didaktisch effektiv wird das Lernvideo allerdings erst, wenn vor seiner Erstellung eine klare Zielsetzung und eine themenspezifische Aufbereitung erfolgt ist. Von den Lehrpersonen müssen die Videos sinnvoll in den Mathematikunterricht integriert und bestenfalls mit anderen Lehrmethoden kombiniert werden. So kann gewährleistet werden, dann die SuS aufmerksam und motiviert bleiben.

Für die SuS ist es durch Lernvideos individuell möglich, Lerninhalte in ihrem eigenen Lerntempo nachzuholen und zu verstehen. Dabei ist es erst einmal zweitrangig, ob das Lernvideo von der ent-

---

[17] Fey (2002), S.337.
[18] vgl. Fey (2002), S.337.
[19] vgl. Sailer; Figas (2015), S.77 ff.
[20] vgl. Mahmod; Malik (2012), S.133.

sprechenden Lehrperson des Mathematikunterrichts vorgeschlagen bzw. erstellt wurde. Die Gefahr ist hier zwar, dass Inhalte auf andere Art und Weise erklärt werden (beispielsweise die Berechnung von Nullstellen mit Hilfe der quadratischen Ergänzung oder der pq-Formel), allerdings ist es schon vorteilhaft, wenn sich SuS überhaupt mit den Lerninhalten in Form von Lernvideos auseinandersetzen.

Lernvideos eigenen sich dazu, theoretisches Wissen zu vermitteln. Darüber hinaus dienen sie zur anwendungsbezogenen Veranschaulichung von Lerninhalten (besonders im Bereich der Analysis). Außerdem kann Mathematiksoftware wie GeoGebra oder Fathom über Screencasts sinnvoll und effektiv in Videos erklärt werden. Die Anwendung der Software in Form der Bearbeitung von Übungsaufgaben kann dann problemlos mit allen SuS im Klassenzimmer stattfinden.

Videos sind wertvolle Hilfsmittel und ermöglichen sowohl Lehrpersonen, als auch den SuS einen anderen Blick auf die Lerninhalte. Explizit dann, wenn Videos selbst erstellt werden, müssen sich Lehrpersonen in die Rolle der SuS versetzen, um die Videos didaktisch wertvoll und verständlich produzieren zu können. Sie müssen ihr Vorgehen genau reflektieren und nachvollziehen, wie und ob die SuS mit dem erstellten Video lernen können.

SuS hingegen setzen sich bei der Erstellung eines Lehrvideos in einer ganz neuen Art und Weise mit dem mathematischen Inhalt auseinander. Es geht nicht mehr nur um das inhaltliche Wissen und Anwenden, sondern auch darum, es verständlich zu erklären und außerdem darum, es in einem Video darzustellen. SuS dringen demnach tief in die Thematik ein und setzen sich mit Inhalten auseinander, die weit über das reine Verstehen hinausgehen. Gleichzeitig sind sie motiviert, über einen längeren Zeitraum, beispielsweise eine Doppelstunde, an einem Video zu arbeiten und sich während dieser Zeit auf das mathematische Thema zu konzentrieren.

Das Arbeiten mit Lernvideos im Mathematikunterricht ist also sinnvoll und realisierbar. Modelle wie das Flipped Classroom sind eine gute Alternative zum gängigen Präsenzunterricht in der Schule. Besonders bei Krankheitsphasen des Mathematiklehrers oder der Lehrerin könnte so über einen gewissen Zeitraum sichergestellt werden, dass die SuS inhaltlich nicht in Rückstand geraten. Übungen und Anwendungsaufgaben könnten dann durch einen Vertretungslehrer übernommen werden.

Gerade im mathematischen Bereich, dessen Inhalte wie anfangs erwähnt für SuS eher „trocken" sind, ist der Einsatz von Lernvideos eine Bereicherung für den Unterricht. Voraussetzung dafür ist natürlich der Zugang aller SuS zum Internet, wenn diese zu Hause sind und bestenfalls ein PC-Raum oder die Ausstattung mit Tablets in der Schule. Allerdings sollte man sich nicht ausschließlich auf das Lernen mit Videos konzentrieren. Die Abwechslung zwischen den verschiedenen Lehrmethoden (Frontalunterricht, Gruppenunterricht, etc.) ist es, was SuS motiviert.

6 Literaturverzeichnis

DE WITT, CLAUDIA; CZERWIONKA, THOMAS (2007): Mediendidaktik
https://www.die-bonn.de/doks/2007-mediendidaktik-01.pdf
(zuletzt aufgerufen am: 20.07.2018)

FEY, ANJA (2002): Audio vs. Video: Hilft Sehen beim Lernen? Zeitschrift für Lernforschung, 30 (4), S.331-338
http://www.pedocs.de/volltexte/2013/7694/pdf/UnterWiss_2002_4_Fey_Audio_vs_Video.pdf
(zuletzt aufgerufen am: 21.07.2018)

FLIPPED MATHE – FLIPPED CLASSROOM; SEBASTIAN SCHMIDT (seit 2013)
https://www.flippedmathe.de/ (zuletzt aufgerufen am: 20.07.2018)

JÖRISSEN, BENJAMIN; MAROTZKI, WERNER (2009): Dimensionen Strukturaler Medienbildung
http://lmzproductive.pluspunkthosting.de/fileadmin/user_upload/Medienbildung_MCO/fileadmin/bibliothek/joerissen_medienbildung/joerissen_medienbildung.pdf
(zuletzt aufgerufen am: 19.07.2018).

KRITZENBERG, HUBERTA (2005): Multimediale und interaktive Lernräume. Wien.

LACKNER, ELKE; KOPP, MICHAEL (2014): Lernen und Lehren im virtuellen Raum. Herausforderungen, Chancen, Möglichkeiten. In: Rummler, Klaus: Lernräume gestalten – Bildungskontexte vielfältig denken. Münster.

MAHMOOD, AZAHR; MAHMOOD, SHEIKH; MALIK, ALLAH B. (2012): A comparative study of student satisfaction level in distance learning and live classroom at higher education level. Turkish Online Journal of Distance Education, 13 (7), S.128-136.
https://files.eric.ed.gov/fulltext/EJ976935.pdf (zuletzt aufgerufen am 21.07.2018)

PROJEKTBÜRO NETZWERK DIGITALE BILDUNG (2016): Videos im Unterricht und in der Lehre
https://www.netzwerk-digitale-bildung.de/methoden/videos-im-unterricht-und-in-der-lehre/
(zuletzt aufgerufen am: 20.07.2018)

SAILER, MAXIMILIAN; FIGAS, PAULA (2015): Audiovisuelle Bildungsmedien in der Hochschullehre. Eine Experimentalstudie zu zwei Lernvideotypen in der Statistiklehre.
https://www.pedocs.de/volltexte/2016/12488/pdf/BF_2015_1_Sailer_Figas_Audiovisuelle_Bildungsmedien_in_der_Hochschullehre.pdf (zuletzt aufgerufen am: 21.07.2018)

SCHÖN, SANDRA; EBNER, Martin (2013): Gute Lernvideos…so gelingen Web-Videos zum Lernen! Norderstedt.

SESNIK, WERNER (2013): Eine kritische Bildungstheorie der Medien.
http://www.sesink.de/wordpress/wp-content/uploads/2014/09/Kritische-Bildungstheorie-der-Medien_Sesink_2013.pdf
(zuletzt aufgerufen am: 19.07.2018).

SOFATUTOR GMBH, SCHÜLER-MAGAZIN (2014): Ist das Lernen mit Videos effektiv? – Ja, sagen Wissenschaftler
https://magazin.sofatutor.com/schueler/2014/01/29/ist-lernen-mit-videos-effektiv-ja-sagen-wissenschaftler/ (zuletzt aufgerufen am 20.07.2018)

STEINDORF, GERHARD (2000): Grundbegriffe des Lehrens und Lernens. Bad Heilbrunn.

BEI GRIN MACHT SICH IHR WISSEN BEZAHLT

- Wir veröffentlichen Ihre Hausarbeit, Bachelor- und Masterarbeit

- Ihr eigenes eBook und Buch - weltweit in allen wichtigen Shops

- Verdienen Sie an jedem Verkauf

Jetzt bei www.GRIN.com hochladen und kostenlos publizieren